Mi mundo y la ciencia: Nivel 1

Cosas vivientes

Patricia Armentrout
Traducción de Sophia Barba-Heredia

Un libro de El Semillero de Crabtree

Crabtree Publishing
crabtreebooks.com

Índice

¿Viviente o no viviente?

Las personas, las plantas y los animales son seres vivientes. Todos los seres vivientes necesitan comida, agua y aire para sobrevivir.

Los seres no vivientes no necesitan comida, agua o aire.

viviente

no viviente

Vida animal

Un animal es cualquier ser viviente que puede comer, respirar, tener bebés, crecer y cambiar.

mamíferos

insectos

pájaros

Humanos, mariposas y serpientes son ejemplos de animales. Dividimos a los animales en grupos.

Todos los animales necesitan comida y agua. Los animales buscan comida y agua en sus **hábitats**.

Diferentes animales viven en diferentes hábitats.

Los animales usan sus **sentidos** para vivir y mantenerse a salvo.

La vida de la planta

Muchas plantas nacen de **semillas**.

Las semillas echan raíces y **tallos**.
Los tallos desarrollan hojas.

hojas
tallo
raíces

Las hojas **absorben** la luz solar
y ayudan a la planta a producir comida.

El tallo sostiene a la planta.

Las raíces toman el agua de la tierra.

Muchas plantas tienen flores. Las flores tienen **pétalos** y producen semillas.

Los pétalos
atraen insectos.

Ciclos de vida

Todos los seres vivientes tienen un **ciclo de vida**. Nacen, crecen, se convierten en adultos y tienen bebés. Y así empieza un nuevo ciclo de vida.

GLOSARIO

absorben: Que extraen un líquido.

ciclo de vida: Una serie de cambios que todos los seres vivientes atraviesan desde el nacimiento hasta la muerte.

hábitats: Lugares donde plantas y animales viven.

pétalos: Las coloridas partes externas de una flor.

semillas: Las partes de la planta a partir de las cuales una nueva planta puede nacer.

sentidos: Poderes o sensaciones usados por las personas y animales para aprender acerca de su entorno, como lo son la vista, el tacto, el oído, el gusto y el olfato.

tallos: La larga parte principal de las plantas desde la cual las hojas y flores crecen.

ÍNDICE ANALÍTICO

Apoyos de la escuela a los hogares para cuidadores y maestros

Este libro ayuda a los niños en su desarrollo al permitirles practicar la lectura. Abajo están algunas preguntas guía para ayudar al lector a fortalecer sus habilidades de comprensión. En rojo hay algunas opciones de respuesta.

Antes de leer:

- **¿De qué pienso que tratará este libro?** *Pienso que este libro es sobre plantas y animales. Pienso que este libro es sobre los seres vivientes.*
- **¿Qué quiero aprender sobre este tema?** *Quiero aprender la diferencia entre seres vivientes y no vivientes. Quiero aprender más sobre los animales y dónde viven.*

Durante la lectura:

- **Me pregunto por qué...** *Me pregunto por qué los humanos pertenecen al grupo animal. Me pregunto por qué las plantas producen su propio alimento.*
- **¿Qué he aprendido hasta ahora?** *Aprendí que el tallo de una planta sostiene a la planta. Aprendí que las raíces toman el agua del suelo.*

Después de leer:

- **¿Qué detalles aprendí de este tema?** *Aprendí que los coloridos pétalos en las flores atraen insectos. Aprendí que los hábitats son los diferentes lugares donde plantas y animales viven.*
- **Lee el libro de nuevo y busca las palabras del glosario.** *Veo la palabra **semillas** en la página 16 y la palabra **absorben** en la página 19. Las demás palabras del vocabulario están en la página 23.*

Crabtree Publishing

crabtreebooks.com 800-387-7650

Print book version produced jointly with Blue Door Education in 2022

Hardcover	978-1-0396-2032-2
Paperback	978-1-0396-2039-1
Ebook (pdf)	978-1-0396-2046-9
Epub	978-1-0396-2053-7
Read-along	978-1-0396-2060-5
Audio book	978-1-0396-2067-4

Printed in Canada/102024/CP20241002

Library and Archives Canada Cataloguing in Publication
Title: Cosas vivientes / Patricia Armentrout ; traducción de Sophia Barba-Heredia.
Other titles: Living things. Spanish
Names: Armentrout, Patricia, 1960- author. | Barba-Heredia, Sophia, translator.
Description: Series statement: Mi mundo y la ciencia: Nivel 1 | Translation of: Living things. | Includes index. | "Un libro de el semillero de Crabtree". | Text in Spanish.
Identifiers: Canadiana (print) 20210261153 | Canadiana (ebook) 20210261161 | ISBN 9781039620322 (hardcover) | ISBN 9781039620391 (softcover) | ISBN 9781039620469 (HTML) | ISBN 9781039620537 (EPUB) | ISBN 9781039620605 (read-along ebook)
Subjects: LCSH: Life (Biology)—Juvenile literature. | LCSH: Organisms—Juvenile literature.
Classification: LCC QH309.2 .A7618 2022 | DDC j570—dc23

Published in Canada	Published in the United States
Crabtree Publishing	Crabtree Publishing
616 Welland Avenue	347 Fifth Avenue
St. Catharines, Ontario	Suite 1402-145
L2M 5V6	New York, NY 10016

Written by Patricia Armentrout
Translation to Spanish: Sophia Barba-Heredia
Spanish-language layout and proofread: Base Tres

Photo credits: www.shutterstock.com, www.istock.com. Cover © Chesapeake Images, David W Crippen,Dmitriy Shironosov, Smit, Ozerov Alexander, Title Page ©LedyX; Pages 4/5 ©cumulus_humilis, Eric Isselée, Thomas M Perkins; Pages 6/7 © charles taylor, GRAPIX, terekhov igor; Pages 8/9 © Lindsey Elfinge, mmaxer, Darren Brode, Miroslav Tolimir, Dino, igor kisselev; Pages 10/11 © Monkey Business Images, Leksele, Trina Mole, Eric Isselée, cbpix, James DeBoer, ingret, Dole Klefr, Pichugin Dmitry, DesmondLWF, Rey Kamensky; Pages 12/13 © Jan Martin Will, Sean Randall, John A. Anderson, ecoventurestravel; Pages 14/15 © Stefanie van der Vinden, David Dohnal, Rafal Olechowski, Luo Xi, krugloff; Pages 16/17 © sharon kingston, Andrea Danti: Pages 18/19 © Andrea Danti; Pages 20/21 © Nakic: Page 21 © irin-k, Page 22 © Wegit.

Library of Congress Cataloging-in-Publication Data
Names: Armentrout, Patricia, 1960- author. | Barba-Heredia, Sophia, translator.
Title: Cosas vivientes / Patricia Armentrout ; traducción de Sophia Barba-Heredia.
Other titles: Living things. Spanish
Description: New York, NY : Crabtree Publishing Compnay, [2022] | Series: Mi mundo y la ciencia: nivel 1 - un libro el semillero de Crabtree | Includes index.
Identifiers: LCCN 2021031759 (print) | LCCN 2021031760 (ebook) | ISBN 9781039620322 (hardcover) | ISBN 9781039620391 (paperback) | ISBN 9781039620469 (ebook) | ISBN 9781039620537 (epub) | ISBN 9781039620605
Subjects: LCSH: Life (Biology)--Juvenile literature. | Organisms--Juvenile literature.
Classification: LCC QH309.2 .A7618 2022 (print) | LCC QH309.2 (ebook) | DDC 570--dc23
LC record available at https://lccn.loc.gov/2021031759
LC ebook record available at https://lccn.loc.gov/2021031760